目　次

前言 ··· Ⅲ
引言 ··· Ⅴ
1　范围 ·· 1
2　规范性引用文件 ·· 1
3　术语和定义 ·· 1
4　总则 ·· 3
　　4.1　监测目的 ··· 3
　　4.2　监测任务 ··· 3
5　基本要求 ··· 3
　　5.1　一般规定 ··· 3
　　5.2　监测工作程序 ·· 4
　　5.3　监测系统的运行与维护 ·· 5
6　崩塌、滑坡应力应变监测 ··· 6
　　6.1　监测内容 ··· 6
　　6.2　监测方法 ··· 6
　　6.3　监测点网布设 ·· 12
　　6.4　监测频率 ··· 12
7　地裂缝应力应变监测 ··· 13
　　7.1　监测内容 ··· 13
　　7.2　监测方法 ··· 14
　　7.3　监测点网布设 ·· 15
　　7.4　监测频率 ··· 16
8　采空塌陷应力应变监测 ·· 16
　　8.1　监测内容 ··· 16
　　8.2　监测方法 ··· 17
　　8.3　监测点网布设 ·· 18
　　8.4　监测频率 ··· 18
9　测量精度要求 ·· 19
　　9.1　土压力测量 ·· 19
　　9.2　应力应变测量 ·· 19
　　9.3　滑坡推力测量 ·· 19
　　9.4　光纤光栅测量 ·· 19
10　资料整理 ··· 20
　　10.1　一般规定 ·· 20
　　10.2　监测数据处理 ·· 21

10.3 信息反馈 ………………………………………………………………………………………… 23
附录 A（规范性附录） 地质灾害应力应变监测设计书编写提纲 ……………………………… 25
附录 B（规范性附录） 地质灾害应力应变监测报告编写提纲 ………………………………… 26
附录 C（规范性附录） 应力应变监测数据采集表 ……………………………………………… 28
附录 D（规范性附录） 滑坡推力监测施工、运行与维护记录表 ……………………………… 30
附录 E（规范性附录） 地质灾害光纤光栅应力应变测试基础施工记录表 …………………… 35
索引 …………………………………………………………………………………………………… 37

前　言

本标准按照 GB/T 1.1—2009《标准化工作导则　第 1 部分：标准的结构和编写》给出的规则起草。

本标准附录 A、B、C、D、E 为规范性附录。

本标准由中国地质灾害防治工程行业协会提出并归口。

本标准主要起草单位：中国地质科学院地质力学研究所、中国科学院武汉岩土力学研究所、中国地质调查局水文地质环境地质调查中心、长安大学、山东科技大学、中国地质科学院探矿工艺研究所、南京大学、北京市勘察设计研究院有限公司。

本标准主要起草人：张永双、郭长宝、焦玉勇、王洪德、张青、周策、门玉明、刘伟韬、施斌、季伟峰、王浩、陈昌彦、姚鑫、李滨、黄强兵、万玲、周宏磊、蒋凡、郝文杰、张鹏、田湖南。

本标准由中国地质灾害防治工程行业协会负责解释。

引 言

为推动地质灾害防治工程行业发展,国土资源部组织拟定了《地质灾害防治行业标准目录》和《地质灾害防治行业标准体系框架》,并发布了《国土资源部关于编制和修订地质灾害防治行业标准工作的公告》(国土资源部公告2013年第12号),确定将《地质灾害应力应变监测技术规程》纳入地质灾害防治行业标准。本标准旨在规范地质灾害应力应变监测工作,提高崩塌(含危岩体)、滑坡、地裂缝、采空塌陷等地质灾害应力应变监测水平。

T/CAGHP 009—2018

地质灾害应力应变监测技术规程(试行)

1 范围

本标准规定了地质灾害应力应变监测的技术方案设计、设备安装和数据处理的工作方法。

本标准适用于崩塌(含危岩体)、滑坡、地裂缝和采空塌陷等地质灾害及防治工程的应力应变监测。泥石流、地面沉降、地面塌陷等地质灾害监测工作中涉及到的应力应变内容可参照本标准执行。

2 规范性引用文件

下列文件中对于本文件的应用是必不可少的。凡是注日期的引用文件,仅所注日期的版本适用于本文件。凡是不注日期的引用文件,其最新版本(包括所有的修改单)适用于本文件。

GB 4943 信息技术设备的安全
GB/T 7424.1—2003 光缆总规范 第1部分:总则
GB/T 7424.2—2008 光缆总规范 第2部分:光缆基本试验方法
GB/T 7665 传感器通用术语
GB/T 9361—2011 计算机场地安全要求
GB/T 15972—2008 光纤试验方法规范
GB 50153—2008 工程结构可靠性设计统一标准
DZ/T 0218—2006 滑坡防治工程勘查规范
DZ/T 0219—2006 滑坡防治工程设计与施工技术规范
DZ/T 0221—2006 崩塌、滑坡、泥石流监测规程
DZ/T 0227—2004 滑坡、崩塌监测测量规范
DZ/T 0261—2014 滑坡崩塌泥石流灾害调查规范(1:50 000)
DB/T 14—2000 原地应力测量水压致裂法和套芯解除法技术规范
T/CAGHP 18—2016 地质灾害分类分级标准
YD 5121—2005 长途通信光缆线路工程验收规范
YD/T 1588.2—2006 光缆线路性能测量方法 第2部分:光纤接头损耗
IEC 60793—2008 光纤
ITU－T G.652 单模光纤和光缆特性

3 术语和定义

下列术语和定义适用于本文件。

3.1
地质灾害 geological hazard

在自然或者人为因素作用下诱发地质体发生变形破坏,并对人类生命财产、环境造成破坏和损

失的地质作用(现象)。本标准主要涉及崩塌(含危岩体)、滑坡、地裂缝、采空塌陷等灾种。

3.2
地裂缝 ground fissure
由于构造活动、过量开采地下水等原因在地表形成的破裂。

3.3
采空塌陷 mined collapse
由采矿或人类地下开挖活动造成地下大面积采空而引起的地面塌陷。

3.4
地表移动盆地 surface movement basin
由采矿引起的采空区上方地表移动的整体形态和范围,也称地表下沉盆地。

3.5
应力监测 stress monitoring
通过在地质灾害体中埋设土压力盒、应力传感器等设备,量测岩土体内部或岩土体与防治工程之间应力变化信息,并对信息进行分析处理的过程。

3.6
应变监测 strain monitoring
通过在地质灾害体中埋设应变计等设备,量测地质体中由位移、应力变化引起的应变信息,并对信息进行分析处理的过程。

3.7
土体应力 soil stress
土体自重或荷载在土体中某单位面积上所产生的作用力。

3.8
滑坡推力监测 landslide thrust monitoring
利用埋设在钻孔内推力管与钻孔环状间隙之间的应力计对滑坡体地表以下一定深度范围的岩土体蠕动或滑动等过程中产生的推力,按计划进行或实时测量,并对信息进行分析处理的过程。

3.9
地应力 geo-stress
存在于地壳岩土体中未受工程扰动的天然应力,也称岩石应力、岩体应力。

3.10
地裂缝设防范围 required limits of protective measures on ground fissure
各类建(构)筑物、管道和线路穿越地裂缝时,应设置防患措施的范围。

3.11
光纤光栅 fiber Bragg grating
通过一定的方法使光纤纤芯的折射率发生轴向周期性调制而形成的衍射光栅,也称光纤布拉格光栅。

3.12
光纤光栅传感器 fiber grating sensor
利用光纤光栅的平均折射率和栅格周期对外界参量的敏感特性,将外界参量的变化转化为布拉格波长偏移的传感器,属于波长调制型光纤传感器。

3.13
光纤续接损耗 optical fiber connection loss

光纤续接后,在接头处产生的光线传输损耗量。

3.14
光时域反射仪 optical time domain reflectometer

灾害体应变和应力的变化会引起光纤光栅的栅距和折射率变化,从而使光纤光栅反射谱和透射谱发生变化,利用光线在光纤中传输时弯曲的瑞利散射和折断的菲涅尔反射所产生的背向散射而制成的光电一体化仪表。

3.15
光纤光栅应力监测 fiber Bragg grating stress monitoring

灾害体应变和应力的变化会引起光纤光栅的栅距和折射率变化,从而使光纤光栅反射谱和透射谱发生变化,通过监测光纤光栅反射谱和透射谱的变化,获得灾害体压力或应变变化信息的过程。

4 总则

4.1 监测目的

4.1.1 获取地质灾害形成演变过程和防治工程中的应力、应变信息,分析其影响因素,为地质灾害稳定性评价、发展趋势研判、监测预警与制定防灾减灾决策提供基础数据。

4.1.2 为地质灾害防治工程勘查、设计、施工和运营提供资料。

4.2 监测任务

4.2.1 根据监测目的,确定监测内容,选择适宜的监测方法、测量精度要求、仪器设备和频率,布设监测点网。

4.2.2 建立监测信息数据库,分析和处理监测数据,形成可视化图表。

4.2.3 研究地质灾害变形破坏特征,分析地质灾害形成机理、活动方式及影响因素,评价其稳定性和发展趋势。

5 基本要求

5.1 一般规定

5.1.1 地质灾害应力应变监测,应包括岩土压力、应力、滑坡推力、应变等监测项,各监测项应根据监测主体的特征和目的,同时或分项布设和监测。

5.1.2 应力应变监测点应布设在能反映监测主体应力应变特征显著的位置,如布设在预计监测主体应力最大或应力变化最大的位置,并应与所需安装仪器的环境相适应。

5.1.3 所用压力计、应力计、应变计等仪器在埋设前,必须进行检测和标定,其量程、误差、精度等指标要记录在检测报告中。检查电缆或光缆的连通性,做好相应的编号和标志。

5.1.4 仪器埋设后,应及时将连接的电缆或光缆引入野外监测站,并妥善保护,确认连接的电缆或光缆与相应测头编号无误,做好各种埋设的初始记录和测读初始值。

5.1.5 根据地质灾害险情等级和地质灾害规模等级,地质灾害监测等级分为一级、二级、三级和四级,地质灾害监测等级划分见表1[参照《地质灾害分类分级标准》(T/CAGHP 18—2016)]。

表 1 地质灾害监测等级划分

监测等级		地质灾害险情等级			
		特大型	大型	中型	小型
地质灾害规模等级	特大型	一级	一级	一级	二级
	大型	一级	一级	二级	三级
	中型	一级	二级	三级	四级
	小型	二级	三级	四级	四级

5.1.6 地质灾害监测等级为一级和二级的,应进行应力应变监测,监测等级为三级和四级的,可根据实际需要和设计要求进行应力应变监测。

5.1.7 地质灾害监测等级为一级的,地质灾害应力应变监测宜采用自动化数据采集方式。

5.1.8 地质灾害应力应变监测可单独设置,也可根据监测区实际情况与位移监测同时设置和综合分析。

5.1.9 监测设备应按使用说明书定期进行标定和维护。

5.2 监测工作程序

5.2.1 地质灾害应力应变监测应按图 1 进行。

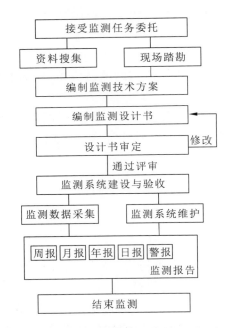

图 1 地质灾害应力应变监测框图

5.2.2 接受上级部门或建设方等单位的监测任务委托。

5.2.3 搜集拟监测地质灾害体的区域自然地理、地质条件、水准测量、地质灾害调查等资料,应包括下列内容:

  a) 自然地理和地质条件:气象水文、地形地貌、地层岩性、地质构造、地震和新构造活动、水文地质条件等。

b) 测区范围既有的国家和地方布设的平面控制网点（如三角网点、GPS网点）、高程控制网点（如水准网点、似大地水准面精化成果等），已有的监测资料等。

c) 测区范围内满足监测点布设的地形图、地质图、交通图等。

d) 地质灾害体的基本特征：边界条件、规模、空间形态、类型、地层岩性、岩土体结构、微地貌、地质构造、场地水文地质条件、人类活动、影响范围、变形发育阶段等。

e) 地质灾害体岩土物理力学参数、稳定性计算结果、试验成果和综合评价资料。

5.2.4 现场踏勘和验证搜集的资料。

5.2.5 初步制定编制监测技术方案。

5.2.6 编制监测设计书，内容应包括：任务来源和监测的重要性，自然条件和地质环境，地质灾害类型及特征、成因和稳定性，监测项目和精度，监测方法，监测点网布设，监测资料整理，变形破坏或活动判据和预报方案，监测经费预算，附图（监测设计总图、剖面图等）等。监测设计书编写应符合附录A的规定。

5.2.7 监测设计书应经下达任务的上级部门或委托单位的审定。

5.2.8 应力应变监测系统建设、调试与验收。

5.2.9 应力应变监测系统运行与维护。

5.2.10 应力应变监测数据的采集、处理、分析及信息反馈。

5.2.11 应力应变监测报告的提交。监测成果以周报、月报、年报，必要时以日报和警报的形式报送委托单位。监测报告的编写应符合附录B的规定。

5.2.12 监测的地质灾害经治理后已处于稳定状态或威胁对象搬迁时，经上级部门或委托单位批准后，结束监测。

5.3 监测系统的运行与维护

5.3.1 具有实时监测需要的地质灾害应力应变监测工作，应制定专门的运行与维护制度。

5.3.2 仪器和传感器的运行环境应满足下列规定：

a) 环境温度应-20℃～70℃。

b) 环境相对湿度应0～80%。

c) 大气压力应80 kPa～110 kPa。

d) 场地安全要求应符合《计算机场地安全要求》(GB/T 9361—2011)中B类安全规定。

e) 监测装置安全要求应符合《信息技术设备的安全》(GB 4943)中的相关规定。

f) 应自带锂电池、太阳能电池板或使用220 V交流适配器（输出直流9 V～16 V），工作电源应满足检测要求。

5.3.3 地质灾害应力应变监测系统的维护应包括以下内容：

a) 硬件设施维护，包括仪器各模块测试、仪器校正、传感器标定和供电设施维护。

b) 软件的更新与维护，包括参数设置、显示、存储的正确性，系统版本的升级、系统漏洞的修复和增装系统补丁。

c) 每周应至少开展一次监测进展、仪器设备运转的现场巡视检查。

d) 每月应至少开展一次设备运行状态检测。

e) 每年应至少开展一次硬件和软件全面检测。

6 崩塌、滑坡应力应变监测

6.1 监测内容

6.1.1 崩塌、滑坡应力应变监测包括灾害体自身和工程结构监测,其监测内容应包括岩土应力监测、应变监测、与变形有关的物理量监测及滑坡推力监测等。

6.1.2 灾害体应力监测:
  a) 灾害体应力监测应包括土压力、岩石应力和滑坡推力监测。
  b) 土压力监测应包括灾害体的总应力(即总土压力)、垂直土压力、水平土压力监测。
  c) 岩石应力监测应在 DB/T 14—2000 原地应力测量基础上,组建地应力实时监测系统,采用三分量或四分量地应力计传感器监测地应力变化情况。
  d) 滑坡推力监测应包括分段滑带层位应力变化,提供全孔段受力随时间变化曲线,确定滑带层受力情况。

6.1.3 灾害体应变监测应包括灾害体的应变及其随时间的变化情况。

6.1.4 防治工程结构应力应变监测内容应根据工程类型、应力应变机制等确定,并应符合下列规定:
  a) 挡墙工程监测应包括挡墙工程的垂直和水平应力应变,对于薄壁式挡墙工程,监测还应包括其结构钢筋应力应变。
  b) 格构工程应监测预应力锚索(锚杆)的轴力,必要时宜监测格构梁的钢筋应力应变。
  c) 抗滑桩工程监测应包括钢筋应力、锚索-抗滑桩的锚索轴力等,必要时宜监测抗滑桩受力侧的土压力。

6.2 监测方法

6.2.1 土压力监测

灾害体土压力监测,可采用土压力计(盒)、光纤光栅土压力传感器等监测元件和相应的测读仪进行直接监测。当无法安装监测元件时,可采用位移监测等间接方法监测。

6.2.1.1 土压力计(盒)的安装与埋设

6.2.1.1.1 土压力计(盒)埋设要求应符合下列规定:
  a) 安装前应确认传感器的有效性,确保能正常工作。
  b) 可采用坑式埋设或钻孔式埋设等方法。
  c) 埋设时注意减小埋设效应的影响,做好仪器创面的制备、感应膜的保护和连接电缆或光缆的保护,及其与终端的连接、确认、登记。
  d) 仪器感应膜的保护,依感应膜的刚度而定。接触感应膜的土石材料的最大粒径,以不损伤感应膜并能均匀感应上限压力为限,一般宜采用中细砂。
  e) 宜在埋设点附近取土样,进行干密度、级配等物理性质实验,必要时宜取样进行有关土的力学性质实验。
  f) 安装后应及时对设备进行检查,满足监测设计书要求后方能使用,发现问题应及时处理或更换。
  g) 安装稳定后,应测定静态初始值并进行调试,土压力计(盒)的测读方法依所用仪器类型而定。

6.2.1.1.2 在黏性土中采用坑式埋设土压力计(盒)时,应符合下列规定:
a) 在黏性土中,坑槽深应大于 1.2 m,坑底面积应大于 1 m×1.2 m,并应满足操作空间要求。
b) 对于按分散方法水平埋设的土压力计(盒),宜在坑底中心刻挖传感器承台,承台高约 0.2 m,利用承台制备传感器基床面。
c) 对于铅直向与倾斜向埋设的土压力计(盒),按要求方向在坑底挖浅槽。槽深约等于土压力计的半径,宽约为传感器厚度的 2~3 倍。
d) 在黏性土中,传感器感应膜宜以薄层砂保护,或在传感器感应膜上贴附硅胶、橡胶等柔性膜进行保护。
e) 仪器就位后,筛除土料中大于 5 mm 的碎石,并压实。土压力计(盒)埋设后的安全覆盖厚度应不小于 1.2 m。

6.2.1.1.3 在堆石中采用坑式埋设土压力计(盒)时,应符合下列规定:
a) 坑槽深约 1 m,应制备基床面,进行传感器的感应膜保护,然后回填、压实。
b) 组成各土压力计(盒)的中心位置高程,应符合设计埋设高程。
c) 在堆石体内,传感器感应膜应按先充填砂层的过渡层法保护。
d) 土压力计(盒)埋设后的安全覆盖厚度应不小于 1.5 m。

6.2.1.1.4 当采用钻孔式埋设时,应符合下列规定:
a) 先将土压力计(盒)固定在安装架内。
b) 在钻孔设计深度以上 0.5 m~1.0 m,放入带土压力计(盒)的安装架,土压力计(盒)导线通过安装架引到地面,然后通过安装架将土压力计(盒)送到设计标高。
c) 土压力计(盒)的承压面应与安装部位平整接触并与应力方向垂直。
d) 安装完毕后,回填封孔。

6.2.1.2 光纤光栅压力传感器的安装与埋设

6.2.1.2.1 根据压力测量需要,光纤光栅压力传感器可选择弹簧管式光纤光栅压力传感器或膜片式光纤光栅压力传感器。

6.2.1.2.2 光纤光栅压力传感器埋设安装应符合下列规定:
a) 应在地质灾害体承受压力最大处或典型断面布设土压力测点。
b) 光纤光栅土压力传感器的受力感应板应正对地质灾害体,背板应紧靠接触面。
c) 选择在地质灾害体上预埋模盒(模盒尺寸应为光纤光栅土压力传感器直径尺寸的 1.1 倍)或开凿坑槽的埋设方法。
d) 槽埋设按照图 2 要求,开凿光纤光栅土压力传感器直径尺寸 1.1 倍的坑槽,并预留 $\phi 4$ mm 的塑料管埋设槽,方便尾纤走线。内径为引线线径 1.2 倍深度要与尾纤高度持平,尾线走线不能出现转弯半径小于 50 mm 的过弯。岩土体中内埋尾纤需要全程套塑管保护,再埋入线槽中。
e) 光纤光栅土压力传感器采用抗拉和抗压强度高的加筋光纤接续,根据应用环境要求选择相适应的材料密封光缆接头,并将接头放入带有锁紧功能的套管内保护,每单点接头的续接损耗须<0.5 dB。
f) 光纤光栅土压力传感器埋设时,应先在埋设坑槽内均匀放入少量高标号的水泥砂浆,然后将光纤光栅土压力传感器放入坑槽内,保持压力传感器的受力感应板正对着地质灾害体,并与接触面表面平齐,底部背板缝隙用水泥砂浆填充捣实,不宜留有空隙。

g) 光纤光栅土压力传感器的受力感应板与地质灾害体之间应用细砂土填充捣实,不宜留有缝隙。
h) 安装过程中要利用光纤光栅解调仪观察土压力传感器数据变化,保证安装的有效性。
i) 光纤光栅压力传感器需要配有温度补偿测量,可采用内置自由光纤光栅补偿,或在同位置埋设光纤光栅温度计进行补偿,温度补偿计算参见10.2.5.3土压力计算。
j) 光纤光栅应力传感可以进行串联测量,要求同一支路上各传感点间的光纤光栅波长差应大于3 nm,波长能量最大差应小于10 dB。

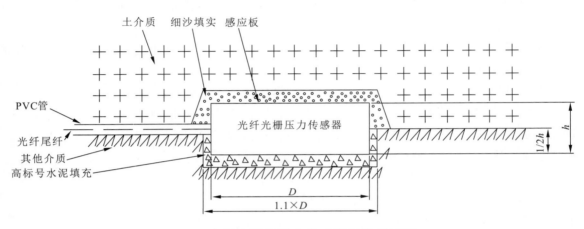

图 2 光纤光栅土压力传感器埋设示意图

6.2.2 灾害体地应力监测

6.2.2.1 利用滑坡体、滑床或滑坡外围岩体不同部位的地应力变化,分析判断滑坡体变形情况。

6.2.2.2 地应力监测孔结构应符合下列规定:

a) 按照图3(a)所示进行钻探成孔,根据钻孔岩土体分布情况,确定地应力计传感器埋设深度。
b) 每钻进50 m或终孔后均应校正孔深,孔深的最大误差不得大于0.5%,孔斜顶角的最大允许弯曲度为每百米孔深不得超过2°。
c) 地应力测量完成后,从套管段下端起至传感器埋设深度段以下5 m的孔段,再采用φ130 mm钻具扩孔,用于地应力监测仪器安装。
d) 依据目标层位得到磨口层位和扩孔层位,三个层位需满足垂直度和同心度要求。
e) 三个层位孔径的确定:目标层位孔径大于地应力计传感器的外径1 mm~3 mm,磨孔层位和扩孔层位的孔径需大于加载器与控制器的最大外径,具体依据岩心硬度、完整程度确定。

6.2.2.3 地应力计传感器埋设安装应符合下列规定:

a) 地应力计传感器分为井上部分和井下部分,地应力计传感器及相关附属设备按照图3(b)连接。井上部分为井上控制器与计算机,两者连接控制井下部分。
b) 井下部分为井下控制器、加载器和地应力计传感器。井下控制器可实时控制加载器,给地应力计传感器预加载荷以及监测地应力计传感器方位。
c) 地应力计传感器为分量式应力计,有三分量或四分量探头,各方向分量探头间隔为60°或者45°。
d) 各方向分量探头在加载器的驱动下,分别与岩石孔壁接触并预加载荷,预加载荷大小依据目标层位地应力绝对值大小确定。

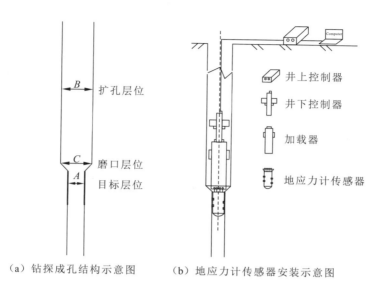

（a）钻探成孔结构示意图　　（b）地应力计传感器安装示意图

图 3　地应力计钻孔及埋设安装示意图

　　e） 加载器预加载荷,读取各方向分量探头的方位。在井下控制器的作用下,加载器自动走位到脱离状态,实现加载器与地应力计传感器的分离。
　　f） 提拉井下控制器与加载器实现安装设备的回收,地应力计传感器留在孔底,安装完毕。

6.2.2.4 安装完成后,应连接地应力计传感器导线与地应力数据采集系统,通过计算机、数据采集卡或实时传输系统,进行地应力变化实时监测。

6.2.3 滑坡推力监测

6.2.3.1 利用埋设在钻孔内推力管与钻孔环状间隙内的应力计或压力传感器,监测滑坡体内不同部位及方位的应力变化,分析判断滑坡体变形情况。

6.2.3.2 滑坡推力监测孔施工应符合下列规定：
　　a） 在选定监测部位施钻铅(垂)直孔,全孔取芯,终孔孔径不小于 100 mm。
　　b） 为了防止塌孔,并为随后的孔口保护作准备,孔口段要预留不小于 1.0 m 长的套管。
　　c） 钻进过程中,应做好钻进情况记录。钻孔完成后,应冲洗钻孔,检查钻孔深度及其通畅情况,测量孔斜。
　　d） 终孔后均应校正孔深,孔深的最大误差不应大于 0.5%,孔斜顶角的最大允许弯曲度为每百米孔深内不得超过 2°。
　　e） 钻孔应穿过滑带,进入基岩或稳定层 3 m～5 m。
　　f） 成孔后,应对钻孔编录数据进行分析,综合判别孔内地质情况,尤其要对软弱夹层的层位、深度、厚度等进行描述,编制钻孔柱状图。
　　g） 监测孔的孔口应设置保护装置。

6.2.3.3 滑坡推力管及压力传感器埋设安装应符合下列规定：
　　a） 推力管为 $\phi 57$ mm 地质套管,每根推力管长约 4 m,中间为推力管接头($\phi 89$ mm)或传感器接头($\phi 89$ mm),用螺栓连接。接头上设计有四个导槽,用以保护导线或光纤。传感器接头也有导槽,在四个方向上有四个传感器安装平面,用以安装压力传感器,用螺栓将压力传感器与安装平面固定,并记录下位置与压力传感器方位,逐根对接后下入钻孔内（图 4）。

b) 确保推力管顺利安装,孔口段保留一段护孔套管,其长度应不小于1.0 m,或根据滑坡堆积层厚度而定。
c) 事先确定好压力传感器埋设的孔深位置和方位,并在推力管上做母线标志,以保证推力管下放钻孔后方位正确,按顺序编号,并用胶带将推力管与接头连接处缠绕平整。
d) 下放的第一根推力管应加一个接头,以免导线或光纤直接与孔壁相撞。
e) 压力传感器在随套管下孔过程中,不能损坏,不能拉断导线或光纤。要用密封胶带将压力传感器缠绕密封好。
f) 下放的过程中要让一对压力传感器受力方向与预计变形或滑移方向相近,推力管埋设深度在稳定层下3 m~5 m。
g) 推力管压力传感器与钻孔环状间隙,通过底部返浆法,用水泥砂浆灌注,灌浆完毕后,做好孔口保护。注意在光纤接头部分,不要踩坏或灌入水泥浆液,并做好四个接头的方向标记,做好安装记录。
h) 在完成上述工作后,将传感器导线与地面仪表连接、通电,数据稳定后即可进行正常监测。

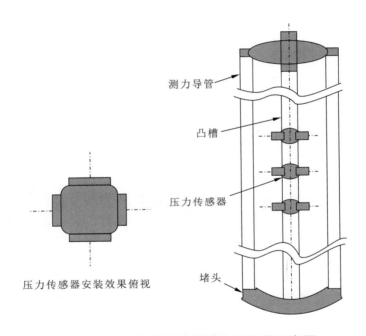

图4 滑坡推力监测传感器布置安装示意图

6.2.4 应变监测

6.2.4.1 应变监测宜采用仪表电测(应变计)和光纤光栅应变测量,监测内容应包括岩土体应变及其随时间变化趋势。

6.2.4.2 根据测试目的和形变量程,应选用灵敏度高、稳定时间长、抗干扰能力强的应变计,宜选用振弦式应变计和光纤光栅应变计。

6.2.4.3 应变计埋设应符合下列规定:
a) 根据岩土体分布情况、地质灾害体稳定性分析成果等,选定测试点。
b) 应变计可直接埋入岩土体中,通过测线与仪表相连。连接方式可采用直接连接或夹线连接。
c) 环境温度变化大时,应根据测点温度变化,消除岩土体截面温度应变和应变计本身产生的温度变形。

6.2.4.4 应变计组的埋设技术要求:
a) 埋设前的造坑:当浇筑至距设计埋设高度相差 0.2 m 时,在仪器埋设位置做厚 0.2 m 的混凝土基座面,用 1.2 m×1.2 m×0.6 m 无底轻型木板箱框住应变计组,将装有应变计支座的定位杆插入设计位置。然后在木板箱周围浇筑混凝土,并随混凝土的升高而逐渐提升木板箱,直至达到浇筑位置后取出木板箱(图5)。
b) 在浇筑混凝土过程中,要始终正确保持仪器的位置和方向,仪器安装角度误差不得超过设计要求的±1°,观测电缆要集中走线和埋设。
c) 应变计埋设时,埋设部位应预调出其测量量程的 30%~50%。
d) 应变计组安装完成后,要及时核实每支传感器是否正常工作,如有损坏应及时更换。
e) 应变计组安装就位后应及时测量仪器初值,并定时测读应变计的读数,待混凝土初凝并水化热结束后,才可采集测读基准读数。
f) 根据仪器编号和设计编号做好记录并存档。

6.2.4.5 光纤光栅应变传感器埋设应符合下列规定:
a) 光纤光栅应变传感器的安装宜采用表贴法,安装方向需与预判应变走向垂直,并保证与灾害体紧密耦合。
b) 传输光纤续接时,光纤接头应相互匹配,每单点接头的续接损耗必须小于 0.5 dB,接头保护后抗拉强度不小于 100 N。
c) 传输光纤宜选用具有保护措施的 G.652 通信用单模光纤,内埋引线光缆需全程套管保护,过弯半径应大于 50 mm。
d) 光纤光栅应变传感器安装过程中要利用光纤光栅解调仪观察应变传感器数据变化,保证安装的有效性。
e) 光纤光栅应变传感器需要配有温度补偿测量,可采用内置自由光纤光栅补偿,或在同位置埋设光纤光栅温度计进行补偿,温度补偿计算参见 10.2.3.4 应变计算。
f) 光纤光栅应变传感器可以进行串联测量,要求同一支路上各传感点间的光纤光栅波长差要大于 3 nm,波长能量最大差要小于 10 dB。

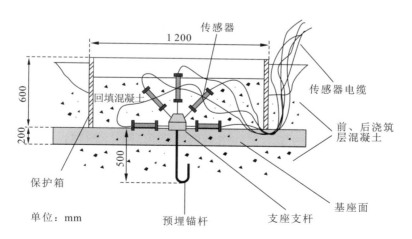

图 5 应变计组的埋设示意图

6.3 监测点网布设

6.3.1 监测网应是由监测线（即监测断面）、监测点组成的立体应力应变监测体系。崩塌（危岩体）、滑坡应力应变监测网，应根据灾害体的地质特征及其范围大小、形状、地形地貌特征和监测目的、施测要求布设。

6.3.2 监测点的布设应重点突出、兼顾一般，监测网的布设应能达到系统监测崩塌（危岩体）、滑坡的应力应变变化及发展趋势，满足预测预报精度等要求。

6.3.3 应充分利用勘查工程的平硐、竖井布设监测点。

6.3.4 应力应变监测点应布设在能控制崩塌（危岩体）、滑坡变形的关键部位。

6.3.5 对于处于高位的危岩体，应根据其变形破坏阶段斟酌选取应力应变监测点，可考虑通过位移监测进行应力应变转换的方法进行应力应变分析。

6.3.6 土压力观测点布置应符合下列规定：

   a) 土压力观测，一般可设 1~2 个观测纵剖面，特别重要崩塌或滑坡平面形态复杂的灾害体可增设 1 个观测横剖面。观测断面的位置，应同灾害体内孔隙水压力、变形观测断面相结合。

   b) 土压力观测断面上的监测点，一般可布设在 2~3 个高度上，必要时可另增加。监测点在横断面、纵断面上的布设可不对称。

   c) 观测断面内每一监测点处的土压力计，一般成组布置，每组 2~3 个，必要时可布置 4~6 个。

   d) 土压力计测点的布置，宜与孔隙水压力测点成组，并应考虑与竖向位移、水平位移点结合。同一测点区内各观测仪器之间的距离不超过 1 m。

6.3.7 地质灾害监测等级为三级和四级的灾害体的应力应变监测点网宜选用十字型，监测点布设于滑坡轴线及两侧滑动变形和受力较大部位；地质灾害监测等级为一级和二级的灾害体应力应变监测点网布设，优先采用十字型、方格型和三角型，地质灾害规模等级或地质灾害险情等级为一级时可采用任意型。

6.3.8 治理工程应力应变监测点布设应符合下列规定：

   a) 挡墙应力应变监测点应针对工程结构布设点位，考虑滑坡体类型、规模大小、受力特征等因素，根据挡墙结构、类型等因素进行布设，一般布设于主应力大值分布区。

   b) 格构结构的应力应变监测点多布设于代表性地段的锚索（锚杆）上，纵断面上一般布设 3~5 个监测点。

   c) 抗滑桩的钢筋计、压应力计一般布设在受力最大、最复杂的滑动面附近；沿桩的正面和背面受力边界面和桩的不同高度布置压应力计，监测正面的下滑力和背面岩体的抗滑力大小及分布特征；在抗滑桩正面可能滑动面附近的混凝土受力方向埋设钢筋计，监测最大应力值，钢筋计宜埋在主滑面附近。

6.3.9 滑坡推力监测点网布设符合本标准 6.3.1 的要求，可采用等比例的三纵三横布设监测网，推力监测点应结合防治工程措施进行，布设于应力集中部位，监测点数量不低于防治工程钻孔总量的 5%。

6.4 监测频率

6.4.1 崩塌（危岩体）、滑坡等地质灾害体的监测频率应根据灾害体的变形发展阶段、防治工程阶段、变形特征、监测精度和工程地质条件等因素综合确定。

6.4.2 当灾害体处于蠕动变形阶段或地质灾害监测等级为三级和四级的,监测频率不低于1次/季;匀速变形阶段或地质灾害监测等级为二级的,监测频率不低于1次/月;加速变形阶段或地质灾害监测等级为一级和二级的,应提高监测频率,一般不低于1次/周;对于防治施工阶段,监测频率不少于1次/3日。

6.4.3 当出现下列情况之一时,应提高监测频率:
    a) 监测数据达到或超过预警值或出现影响工程安全的异常情况时。
    b) 汛期应提高监测频率并根据变形速率变化加密监测。
    c) 发生地震、水库水位急剧变化及强降雨等特殊情况。
    d) 当有危险事故征兆时,应进行实时跟踪监测。

6.4.4 防治工程竣工后,应进行效果监测(监测期一般不应少于1个水文年),监测频率不低于1次/月。

6.4.5 采用自动化监测的滑坡体,其应力应变数据应连续采集,并以仪器采样的最小间隔为准。

6.4.6 应力应变监测频率宜与变形监测频率同步,并应根据要求的监测频率对数据进行人工读记或自动采集。

7 地裂缝应力应变监测

7.1 监测内容

7.1.1 地裂缝应力应变监测内容应包括土压力、建(构)筑物基础脱空区、结构应力等监测项目。

7.1.2 监测对象应包括:对工程结构造成危害的地裂缝,地裂缝设防范围内的地表建(构)筑物、地下建(构)筑物和桥梁,穿(跨)越地裂缝设防范围的地下管线等。

7.1.3 应将地表裂缝监测与受危害工程结构的应力应变监测相结合,针对监测对象的变形破坏特点,选择关键部位进行重点监测,监测体系应满足数据获取和分析评价的要求。

7.1.4 地裂缝监测项目宜根据位于地裂缝设防范围内建筑物的类别,按表2进行选择。建筑物的安全等级是在建筑结构设计时,根据结构破坏可能产生后果的严重性划分安全等级。建筑结构的安全等级划分应符合表3和表4的要求。

7.1.5 对于有特殊要求的建(构)筑物及设施,监测项目应与有关管理部门或单位协商确定。

表2 地裂缝应力应变监测项目表

监测项目	建(构)筑物安全等级		
	一级	二级	三级
地裂缝设防范围内地表建(构)筑物基础应力应变	应测	应测	应测
地裂缝设防范围内地表建(构)筑物基础脱空区	应测	应测	宜测
地裂缝设防范围内地下建(构)筑结构应力应变	应测	应测	应测
地裂缝设防范围内地下建(构)筑结构基础脱空区	应测	应测	宜测
地裂缝设防范围内桥梁应力应变	应测	应测	宜测
地裂缝设防范围内地下管线应力应变	应测	应测	应测
地裂缝设防范围内地下管线脱空区	应测	宜测	宜测

表 3 建(构)筑物的安全等级

破坏后果	建(构)筑物类型		
	重要建(构)筑物	一般建(构)筑物	次要建(构)筑物
严重	一级	一级	二级
较重	一级	二级	三级
较轻	二级	三级	三级
注：破坏后果的分类引自《工程结构可靠性设计统一标准》(GB 50153—2008)。			

表 4 建(构)筑物的重要性划分

建筑结构安全等级	建筑物类型	构筑物类型
重要	高速铁路车站，一等火车站，高度超过 100 m 的超高层建筑，高度超过 100 m 的工业厂房等；国务院明令保护的文物和纪念性建筑物，在同一跨度内有两台重型桥式吊车的大型厂房等	高速铁路；落差超过 100 m 的水电站坝体；特高压、超高压输电线塔；机场跑道；高速公路特大型桥梁等；大型水工隧道及桥梁；输油(气)管道；大、中型矿井主要通风机房，铸铁瓦斯管道干线、瓦斯抽放站等
一般	办公楼、医院、剧院、学校、百货大楼、二等火车站；高度超过 25 m 的高层建筑，长度大于 20 m 的二层楼房和三层以上多层住宅楼；高度超过 25 m 的工业厂房钢筋混凝土框架结构的工业厂房，设有桥式吊车的工业厂房，总机修厂等较重要的大型工业建筑物，城镇建筑群或居民区等	高压输电线塔、架空索道、高炉、焦化炉、矿区总变电所、立交桥；高速公路；国家铁路；铁路煤仓、总机修厂等较重要的大型工业构筑物；落差超过 25 m 的水电站坝体；输水(输气)干线，一级公路，铁路支线，重要河(湖)堤、库(河)坝，电视塔及其转播塔等。平炉，水泥厂回转窑等
次要	三、四等火车站，砖木、砖混结构平房或变形缝区段小于 20 m 的两层楼房，村庄砖瓦民房等，农村木结构承重房屋等	无吊车设备的砖木结构工业厂房，一般输电杆(塔)、矿区铁路、省级公路、农用主要灌渠等，钢瓦斯管道等；简易仓库，对变形不十分敏感的其他构筑物等
注：凡未列入上表的建(构)筑物，可依据其重要性、用途等类比其等级归属。对于不易确定者，可组织专门论证。		

7.2 监测方法

7.2.1 一般规定

7.2.1.1 地裂缝应力应变监测应根据建(构)筑物的类别、结构形式、建筑材料等，选用不同的监测方法，监测方法应合理可行。

7.2.1.2 在条件允许的情况下，宜优先采用自动化监测方法。

7.2.1.3 除使用本标准规定的监测方法外，亦可采用能达到本标准规定精度的其他方法。

7.2.2 地裂缝设防范围内的地表建(构)筑物应力应变监测方法

7.2.2.1 地裂缝设防范围内的地表建(构)筑物应力应变监测可采用在基础表面或结构应力变化的关键位置安装应变计的方法。混凝土构件可采用钢筋应力计或混凝土应变计等进行监测，钢构件可采用轴力计或表面应变计进行监测。

7.2.2.2 应力应变监测应考虑温度的影响，进行必要的温度补偿。

7.2.2.3 土压力变化宜采用土压力计进行量测。土压力计的埋设和测量方法应符合本标准 6.2.1.2 条规定，并符合以下要求：

  a) 受力面应与所监测的压力方向垂直并紧贴被监测对象。

b) 埋设时必须有土压力膜保护措施。
c) 采用钻孔法埋设时,回填应均匀密实,回填材料宜与周围岩土体相同。
d) 做好埋设记录。

7.2.3 地裂缝设防范围内的地下建(构)筑物应力应变监测方法

7.2.3.1 地裂缝设防范围内的地下建(构)筑物应力应变监测宜采用在建(构)筑物顶板和底板表面或结构应力变化较大的关键位置粘贴应变计的方法进行监测。混凝土构件可采用钢筋应力计或混凝土应变计进行监测,钢构件可采用轴力计或应变计进行监测。

7.2.3.2 土压力变化宜采用土压力计进行量测。土压力计的埋设应符合本标准7.2.2.3条的要求。

7.2.3.3 地下建筑底板与地基之间脱空范围的监测可采用位移计,也可使用地质雷达等进行监测。

7.2.4 地裂缝设防范围内的桥梁应力应变监测方法

7.2.4.1 地裂缝设防范围内的桥梁应力应变,宜采用在桥跨表面应力变化较大位置安装表面应变计的方法进行监测。应变计的选型应与桥跨结构的材料相匹配。

7.2.4.2 桥墩(台)的土压力变化宜采用土压力计进行量测。土压力计埋设应符合本标准7.2.2.3条的要求。

7.2.5 穿越地裂缝地下管道应力应变监测方法

7.2.5.1 地裂缝设防范围内的地下管道应力应变监测,宜采用在管道顶部和底部表面应力变化较大位置粘贴应变计的方法进行监测。应变计的选型应和管道的材料相匹配。

7.2.5.2 土压力变化宜采用土压力计进行量测。土压力计的埋设须符合本标准7.2.2.3条的要求。

7.3 监测点网布设

7.3.1 一般规定

7.3.1.1 地裂缝应力应变测线应沿地裂缝走向布置,纵向测线宜与地裂缝平行,横向测线宜与地裂缝垂直,横向测线的长度应延伸至地裂缝两侧设防范围的边界线,测线上的测点应根据地裂缝的变形情况确定,在主裂缝带内应加密测点间距。

7.3.1.2 地裂缝应力应变监测点的布设位置,应能反映地裂缝及其监测对象的真实状态及其变化趋势,应布置在内力及变形关键特征点上,并应满足监测的要求。

7.3.1.3 设防范围内建(构)筑物上的应力应变监测点应根据建筑物与地裂缝的交互关系确定,布置在底部土体脱空区和地裂缝影响范围内。

7.3.1.4 地裂缝监测点的布置应不妨碍监测对象的正常使用,并应减少对施工作业的不利影响。

7.3.1.5 监测标识应明显、牢固,布置合理,监测点的位置应避开障碍物,便于观测。

7.3.2 地裂缝设防范围内的地表建(构)筑物应力应变监测点布置

7.3.2.1 建筑物上的应力应变监测点应布置在建(构)筑物最大变形部位,测线应根据建筑物的类型确定。建(构)筑物纵向测线宜与地裂缝的走向平行。横向测线宜与地裂缝走向垂直,每条横向测线在地裂缝上、下盘的测点数目均不少于3个。测线间距根据建(构)筑物的尺寸确定。

7.3.2.2 对于重要的建(构)筑物,宜将结构、基础和地基上的测点分断面布置。测点数量监测纵断面应不少于4个,主地裂缝带两侧的主变形区不少于1个,微变形区内不少于2个,地裂缝设防范围的外边界内侧不少于2个。

7.3.2.3 监测横断面宜与纵断面垂直,监测横断面不少于4个,间距应根据建(构)筑物的平面尺寸确定。地裂缝活动强烈部位或建筑物密集部位,纵向测点和横向测点应适当加密。

7.3.2.4 地表裂缝与沉降监测点的布置宜在横向、纵向及垂向兼顾布置，相互配合。

7.3.3 地裂缝设防范围内的地下建（构）筑物应力应变监测点布置应符合下列规定：

  a) 地下建（构）筑物上的应力应变监测点应布置在地下建（构）筑物变形最大部位，对于地下室等面状地下建（构）筑物，纵向测线宜沿地裂缝走向布置；对于隧道等线状地下建（构）筑物，其纵向测线宜沿工程轴线方向布置。

  b) 每条测线在地裂缝上、下盘的测点数目均不少于3个。

  c) 测线间距根据地下建筑物的轮廓线尺寸确定。

7.3.4 地裂缝设防范围内桥梁应力应变监测点布置应符合下列规定：

  a) 穿越地裂缝设防范围内桥梁的应力应变监测点应布置在桥梁变形最大部位，测线应沿桥梁的走向布置。

  b) 每条测线在地裂缝上、下盘的测点数目均应不少于3个。

  c) 测点宜在桥梁的桥跨结构、桥台及桥墩布置。

7.3.5 穿越地裂缝地下管线应力应变监测点布置应符合下列规定：

  a) 穿越地裂缝地下管线的应力应变监测点应布置在管道变形最大部位，测线应沿管道的轴线方向布置。

  b) 每条测线在地裂缝上、下盘的测点数目均应不少于3个。

  c) 测点宜在管道顶、底部布置。

7.4 监测频率

7.4.1 地裂缝监测频率应满足能系统反映地裂缝及其建（构）筑物关键部位内力及变形的变化过程。

7.4.2 监测频率的确定应综合考虑建筑物类别、周边环境、自然条件的变化等因素，当地裂缝活动处于衰减期时，可适当降低监测频率。

7.4.3 在地裂缝活跃期，地裂缝的人工监测频率应为1次/日；采用自动记录仪的，应保持记录仪的连续运行，并对记录数据及时进行处理。地裂缝活动衰减期，地裂缝的人工监测频率应为1次/周。在地裂缝稳定期，人工监测频率可降低为1次/月。

7.4.4 地裂缝设防范围内的建（构）筑物应力应变监测频率，应符合以下要求：

  a) 在地裂缝活跃期，对地裂缝设防范围内的建（构）筑物的人工监测频率应不少于1次/日。

  b) 采用自动记录仪的，应保持记录仪的连续运行，并对记录数据及时进行处理。

  c) 地裂缝活动衰减期，地表建筑物的人工监测频率应不少于1次/周。在地裂缝稳定期，人工监测频率可降低为1次/月。

8 采空塌陷应力应变监测

8.1 监测内容

8.1.1 由采矿或人类地下开挖活动造成地下大面积采空而形成的地面塌陷，应在采空塌陷影响范围内进行应力应变监测工作。

8.1.2 采空塌陷应力应变监测的内容主要包括：采空塌陷区建（构）筑物应力应变监测、围岩应力应变监测。

8.1.3 围岩应力监测分为有锚杆支护、锚索支护、钢拱架支护的巷道围岩应力监测和无支护结构的巷道围岩应力监测，可分别采用锚杆应力计、测力计、应变计（片）和钻孔应力计进行监测。

8.1.4 采空塌陷监测项目应与采区的开采设计、采掘作业进度相匹配。监测项目应能反映可引发地质灾害事故的重要应力应变（位移）过程。

8.2 监测方法

8.2.1 采空塌陷区建（构）筑物应力应变监测方法

8.2.1.1 采空塌陷区建（构）筑物应力应变监测可在建（构）筑物的受力构件或荷载有变化部位安装应变计进行监测，应变计应与受力方向平行。

8.2.1.2 根据监测位置和监测项目可选用埋入式应变计、无应力式应变计和表面应变计。埋入式应变计用于监测建（构）筑物或基岩内的应变，无应力式应变计用于监测混凝土自由体积变形，表面应变计用于监测混凝土、钢筋混凝土及钢结构的桥、墩、桩、隧道及坝表面的应变。

8.2.1.3 采空塌陷区建（构）筑物出现明显的位移、沉降、倾斜或裂缝时，应进行移动变形值监测。

8.2.2 有锚杆支护的巷道围岩应力监测方法

8.2.2.1 有锚杆支护的巷道围岩应力监测，应在巷道内布置锚杆轴力监测断面和监测点，可采用锚杆应力计进行监测。

8.2.2.2 锚杆应力计应安装在锚固板一侧的锚杆上，接口处可用螺纹连接，锚杆应力计应与锚杆保持同轴。

8.2.2.3 应按锚杆直径选配相应的锚杆应力计。

8.2.3 有锚索支护的巷道围岩应力监测方法

8.2.3.1 有锚索支护的巷道，宜在巷道内拱顶及拱肩处布置锚索拉力监测断面和监测点，采用锚索测力计进行锚索拉力和预应力损失监测。

8.2.3.2 锚索的应力监测根数不宜少于锚索总数的3%，并应不少于3根，宜布置在拱顶及拱肩处。

8.2.4 有钢拱架支护的巷道围岩应力应变监测方法

8.2.4.1 有钢拱架支护的巷道，对于钢筋格栅形式的钢拱架，宜在主要受拉和受压侧的主筋上布置钢筋应力计监测钢拱架内力；对于型钢拱架，宜在型钢受拉侧焊接表面应变计监测钢拱架内力。

8.2.4.2 钢拱架内力宜布置在拱顶及拱肩处或最大弯矩处。

8.2.5 无支护结构的巷道围岩应力监测方法

8.2.5.1 无支护结构的巷道围岩应力监测，应在巷道设置监测断面并布设钻孔，可采用钻孔应力计进行监测。

8.2.5.2 钻孔的孔径大小应根据拟安装孔内的应力计最大直径（含仪器电缆引出端）及仪器个数而定。孔径可采用90 mm～120 mm，最大孔斜不得超过1%。

8.2.5.3 钻孔施工应符合以下要求：
  a) 在预定的部位，应按要求的孔径、方向、深度钻孔。孔口应保持平整，松动岩石应清除干净。
  b) 钻孔方法，可采用冲击钻，当需要岩芯了解钻孔质量情况时，应采用岩芯钻。
  c) 冲击钻孔施工时应注意观察孔向、岩性变化及掉块情况，若掉块较严重，应注浆后再造孔。
  d) 钻孔达到要求深度后，应将钻孔冲洗干净。
  e) 应安装孔口保护装置，将引出电缆或光缆妥善放进保护装置内。

8.3 监测点网布设

8.3.1 一般规定

8.3.1.1 采空塌陷区建（构）筑物应力应变监测点的布设应能反映采区影响范围内监测项目的实际状态和变化趋势，建（构）筑物监测点应布设在能反映建（构）筑物应力应变状况的位置。

8.3.1.2 围岩应力应变监测点可布设在巷道顶、底板或两旁的稳定岩体中，也可布置在井下巷道或岩层内部的钻孔中，用于监测分析岩层的移动和变形规律。

8.3.2 围岩应力应变监测点布置

8.3.2.1 围岩应力应变监测断面和监测点的布置，应根据工程规模、应力变化、监测条件等因素确定。

8.3.2.2 对于有支护结构的巷道，选择监测断面，可在拱顶及拱肩选择已有的锚杆（索）、钢拱架作为监测对象，进行应力应变变化监测。

8.3.2.3 对于无支护结构的巷道，选择监测断面，可在巷道拱顶、拱肩和拱基线处布设钻孔，监测围岩应力变化。

8.3.3 采空塌陷区建（构）筑物应力应变监测点布置

8.3.3.1 采空塌陷区建（构）筑物应力应变监测点，应布设在能全面反映建（构）筑物沉降特征的位置，如构（建）筑物的四角、沉降缝两侧、荷载变化较大部位、地质条件变化较大处。

8.3.3.2 应根据采空塌陷区建（构）筑物的结构特点选定应力应变监测点与测力方向。

8.3.3.3 采空塌陷区建（构）筑物沉降监测点应均匀布设，监测点之间距离可为 10 m～20 m；采空塌陷区建（构）筑物水平位移监测点应与变形体密切结合，且能代表该部位变形体的水平位移特征；采空塌陷区建（构）筑物倾斜监测点宜布设在构筑物外立面上，且顶底对应布设。

8.4 监测频率

8.4.1 一般规定

8.4.1.1 采空塌陷应力应变监测频率应满足能反映地表移动盆地变化、围岩破坏及采空塌陷区内建（构）筑物应力应变（位移）的重要变化过程和变化趋势。

8.4.1.2 采空塌陷应力应变监测应贯穿于开采工作的整个过程，监测应从地表初始移动变形开始前到地表移动趋于稳定后结束。

8.4.1.3 监测项目的监测频率应综合考虑采区地质条件、开采条件、地下开采的不同施工阶段、周边环境等因素。当采空塌陷应力应变值趋于稳定时，可适当降低监测频率。

8.4.1.4 监测数据变化较大或速率加快、监测数据达到危险临界值、地表出现突发较大沉降或出现严重开裂和塌陷等情况时应提高监测频率。当有灾害征兆时，应进行实时跟踪监测。

8.4.2 采空塌陷区建（构）筑物应力应变监测频率

8.4.2.1 采空塌陷区建（构）筑物的应力应变监测频率可根据采空塌陷区地表下沉速率确定。

8.4.2.2 当采空塌陷区地表下沉量从 10 mm 到下沉速度达到 1.67 mm/d（或 50 mm/月）时，这一阶段为地表移动的开始阶段，应力应变监测频率可为 1 次/周。

8.4.2.3 当采空塌陷区地表下沉速度大于 1.67 mm/d（或 50 mm/月）的阶段为危险变形阶段，应力应变监测频率可为 2 次/周。当出现严重裂缝、塌陷或台阶状下沉时，应适当提高监测频率。

8.4.2.4 当采空塌陷区地表下沉速度小于 1.67 mm/d 到 6 个月内地表各点下沉累计不超过 30 mm，这一阶段为移动衰退阶段，应力应变监测频率调整为 1 次/周，之后逐步降低监测频率为1次/2周。

8.4.2.5 地下开采工作结束后,至少每半年进行1次应力应变监测;沉降相对稳定后,应每年进行1次应力应变监测。

8.4.3 围岩应力应变监测频率

8.4.3.1 围岩应力应变监测应根据巷道掘进影响阶段、掘进影响稳定阶段、采动影响阶段、采动影响稳定阶段、二次采动影响阶段等不同时间段按照相应的监测频率进行。

8.4.3.2 围岩应力应变监测频率可根据围岩位移的速率确定。当围岩位移速率大于 5 mm/d 时,应力应变监测频率可为 2 次/d;当围岩位移速率为 1 mm/d~5 mm/d 时,应力应变监测频率可为 1 次/d;当围岩位移速率为 0.5 mm/d~1 mm/d 时,应力应变监测频率可为 1 次/(2~3)d;当围岩位移速率小于0.5 mm/d时,应力应变监测频率可为 1 次/周。

9 测量精度要求

9.1 土压力测量

9.1.1 土压力计的量程应满足被测压力的要求,其上限宜为设计压力或推测压力的2倍。

9.1.2 土压力测量精度:≤0.5%F·S。

9.1.3 土压力测量分辨率:≤0.2%F·S。

9.2 应力应变测量

9.2.1 应变计仪器的量程应满足被测应变的要求,其上限宜为设计值或推测值的2倍。

9.2.2 应变计的测量精度:≤0.5%F·S,分辨率:≤0.2%F·S。

9.2.3 锚杆应力计的量程为:0~200 MPa,测量精度:≤0.5%F·S,分辨率:≤0.2%F·S。

9.2.4 钻孔应力计的量程应为:0~40 MPa,分辨率:≤0.1 MPa,精度:≤±0.5%F·S。

9.3 滑坡推力测量

9.3.1 根据滑坡规模和稳定性计算结果,选择滑坡滑体推力传感器的范围:1 000 kN/m,5 000 kN/m 和 15 000 kN/m。

9.3.2 滑坡滑体推力测量精度:≤±5%。

9.3.3 滑坡滑体推力测量分辨率:≤±1%。

9.3.4 滑坡滑体推力传感器安装方位差:≤±5°。

9.4 光纤光栅测量

9.4.1 光纤光栅土压力/应变传感器的精度应满足实际需求,量程上限宜为设计值或推测值的2倍。

9.4.2 光纤光栅土压力/应变传感器精度:≤1‰F·S。

9.4.3 光纤光栅土压力/应变传感器分辨率:≤0.5‰F·S。

9.4.4 光纤光栅土压力/应变传感器的光栅中心波长:1 525 nm~1 565 nm。

9.4.5 光纤光栅监测解调仪解调精度:≤±5 pm。

9.4.6 光纤光栅监测解调仪动态范围:>50 dB。

10 资料整理

10.1 一般规定

10.1.1 每次外业监测工作完毕后,应及时整理各种监测数据,分析各监测量之间的相互关系、变化趋势及其与地质灾害体变形活动的相关性,正确识别地质灾害体及工程结构的安全风险状态,必要时及时发布预警。

10.1.2 现场监测资料应符合下列规定:
- a) 使用正式的监测记录表格,详见附录C、附录D、附录E。
- b) 监测记录应有相应的工况描述。
- c) 监测数据应及时整理。
- d) 对监测数据的变化及发展情况应及时分析和评述。
- e) 外业观测值和记事项目,必须在现场直接记录于观测记录表中。原始记录不得涂改、伪造和转抄,并有测试、记录人员签字。
- f) 每次外业监测(包括人工和自动化监测)完成后,应随即对原始记录的准确性、可靠性、完整性加以检查、检验,将其换算成所需监测的物理量,并判断测值有无异常。
- g) 在进行数据处理之前,首先应对采集的数据进行校核,排除仪器、读数等操作过程中的误差,剔除各种粗差。当监测数据检查不合格时,应分析原因并立即进行现场复测和纠正。
- h) 监测过程中各参数宜采用国际单位制。

10.1.3 资料整理的内容

10.1.3.1 资料整理的内容可分为平时资料整理和定期资料编印。

10.1.3.2 平时资料整理工作应符合下列规定:
- a) 检验监测数据的正确性、准确性:每次监测完成之后,应立即在现场检查作业方法是否符合要求,是否有缺漏现象,各项检验结果是否在限差以内,监测值是否符合精度要求,数据记录是否准确、清晰、齐全,确认的粗差数据点应剔除。
- b) 监测物理量的计算:经检验合格后的观测数据,应换算成监测物理量,记入相应记录表。
- c) 绘制监测物理量的过程线图。
- d) 在监测物理量过程线图上,初步分析物理量的变化规律。发现异常时,应立即排查产生该异常量的原因,提出专项文字说明。对原因不详者,还要向上级主管部门或委托单位报告。

10.1.3.3 定期资料编印工作应符合下列规定:
- a) 监测物理量统计:按统一规定对各监测物理量进行统计,填入相应的统计表格,绘制监测物理量的分布图、有关各物理量之间的相关图。
- b) 编制编印说明:重点阐述本编印时段的基本情况、编印内容、编印组织与参加人员,存在哪些监测物理量异常及其在灾害体的分布部位,以及对监测设备和工程采取过何种检验、处理等。

10.1.3.4 应力应变监测成果的计算与分析,应符合以下要求:
- a) 监测值中不应含有超限误差,监测值中的系统误差应减弱到最小程度。
- b) 合理处理随机误差,正确区分测量误差与应力应变的变化信息。
- c) 多期监测成果的处理应建立在统一的基准上。
- d) 按不同类别监测点的要求,合理估计监测成果精度,正确评定成果质量。

10.1.3.5 应力应变监测数据分析应结合其他相关项目的监测数据和自然环境、工况等情况以及以往数据进行。

10.1.3.6 应力应变监测的原始观测记录、计算资料和技术成果应按委托单位要求及时归档。

10.2 监测数据处理

10.2.1 数据处理内容

10.2.1.1 监测数据的处理与信息反馈宜采用经主管部门测评通过的专业软件,具备数据采集、处理、分析、查询管理一体化以及监测成果可视化的功能。

10.2.1.2 监测成果报表应包含初测值、本次测试值、本次变化值、本次变化速率以及累计值等,并绘制相关曲线图,包括监测物理量及变化速率的时间过程曲线,物理量的空间分布曲线,物理量与影响因素的相关关系曲线。

10.2.1.3 现场测试人员应对监测数据的真实性负责,监测分析人员应对监测报告的可靠性负责,监测单位应对整个项目监测质量负责。

10.2.2 应力监测数据处理

10.2.2.1 每期应力观测结束后,应根据传感器厂家提供的公式对监测数据及时进行处理,计算当次应力变化量。

10.2.2.2 采用差动电阻式传感器监测的应力换算公式如下:

$$\sigma = f\Delta z + b\Delta T \quad \cdots\cdots\cdots\cdots\cdots\cdots\cdots (1)$$

式中:

σ——应力,MPa;

f——传感器的最小读数,MPa/0.01%;

Δz——电阻比测量值相对电阻比初始值的变化量,0.01%;

b——传感器的温度补偿系数,MPa/℃;

ΔT——温度测量值相对温度初始值的变化量,℃。

10.2.2.3 采用钢弦式传感器监测的应力换算公式如下:

$$\sigma = K(f_i^2 - f_0^2) + K_t(T_i - T_0) = K(F_i - F_0) + K_t(T_i - T_0) \quad \cdots\cdots (2)$$

式中:

σ——应力,MPa;

K——传感器系数,MPa/Hz² 或 MPa/kHz²;

f_i——传感器监测时刻的频率值,Hz;

f_0——传感器初始频率值,Hz;

F_i——传感器监测时刻的频率模数,kHz²;

F_0——传感器初始频率模数,kHz²;

K_t——传感器温度修正系数,MPa/℃;

T_i——传感器监测时刻的温度值,℃;

T_0——传感器初始温度值,℃。

10.2.3 应变监测数据处理

10.2.3.1 每期应变观测结束后,应根据传感器厂家提供的公式对监测数据及时进行处理,计算当次应变变化量。

10.2.3.2 采用差动电阻式传感器监测的应变换算,应符合下式规定:

$$\varepsilon = f\Delta z + b\Delta T \quad \cdots\cdots\cdots\cdots\cdots\cdots\cdots\cdots\cdots\cdots(3)$$

式中：

ε——应变值，$\times 10^{-6}$；

f——传感器的最小读数，$\times 10^{-6}/0.01\%$；

Δz——电阻比测量值相对电阻比初始值的变化量，0.01%；

b——传感器的温度补偿系数，$\times 10^{-6}/℃$；

ΔT——温度测量值相对温度初始值的变化量，℃。

10.2.3.3 采用钢弦式传感器监测的应变，应符合下式规定：

$$\varepsilon = K(f_i^2 - f_0^2) + K_t(T_i - T_0) = K(F_i - F_0) + K_t(T_i - T_0) \quad \cdots\cdots(4)$$

式中：

ε——应变值，$\times 10^{-6}$；

K——传感器系数，$\times 10^{-6}/Hz^2$ 或 $\times 10^{-6}/kHz^2$；

f_i——传感器监测时刻的频率值，Hz；

f_0——传感器初始频率值，Hz；

F_i——传感器监测时刻的频率模数，kHz^2；

F_0——传感器初始频率模数，kHz^2；

K_t——传感器温度修正系数，$\times 10^{-6}/℃$；

T_i——传感器监测时刻的温度值，℃；

T_0——传感器初始温度值，℃。

10.2.3.4 应变计算

1）当采用内置温度光栅做温度补偿时，应符合下式规定：

$$\varepsilon = K_\varepsilon(\lambda_{\varepsilon 1} - \lambda_{\varepsilon 0}) + B_t(\lambda_{t1} - \lambda_{t0}) - \alpha\Delta T \quad \cdots\cdots\cdots\cdots\cdots\cdots(5)$$

$$\Delta T = K_t(\lambda_{t1} - \lambda_{t0}) \quad \cdots\cdots\cdots\cdots\cdots\cdots\cdots\cdots\cdots\cdots(6)$$

式中：

ε——应变值，$\times 10^{-6}$；

K_ε——应变光栅应变系数，$\times 10^{-6}/nm$，取正值，为常数；

$\lambda_{\varepsilon 1}$——应变光栅初始波长，nm；

$\lambda_{\varepsilon 0}$——应变光栅测试波长，nm；

B_t——应变光栅的温度补偿系数，与 K_ε 存在一定关系，$\times 10^{-6}/nm$，为常数；

λ_{t0}——温度光栅初始波长，nm；

λ_{t1}——温度光栅测试波长，nm；

α——被测物体的热膨胀系数，$\times 10^{-6}/℃$；

ΔT——测试环境温度变化量，等于测试环境温度与初始环境温度的差，℃；

K_t——温度光栅的温度系数，$\times 10^{-6}/nm$。

2）当采用其他测温方式做温度补偿时，应符合下式规定：

$$\varepsilon = K_\varepsilon(\lambda_{\varepsilon 1} - \lambda_{\varepsilon 0}) + B_t(T_1 - T_0) - \alpha(T_1 - T_0) \quad \cdots\cdots\cdots\cdots(7)$$

式中：

ε——应变值，$\times 10^{-6}$；

K_ε——应变光栅应变系数，$\times 10^{-6}/nm$，取正值，为常数；

$\lambda_{\varepsilon 1}$——应变光栅初始波长，nm；

$\lambda_{\varepsilon 0}$——应变光栅测试波长,nm;

B_t——应变光栅温度补偿系数,与 K_ε 存在一定关系,$\times 10^{-6}$/nm,为常数;

T_1——测试环境温度,℃;

T_0——初始环境温度,℃;

α——被测物体的热膨胀系数,$\times 10^{-6}$/℃。

10.2.4 滑坡推力数据处理

10.2.4.1 应根据滑坡地表露头及监测钻孔取芯破碎、孔深标高情况,并配合位移监测数据,计算判别滑带、主滑方向、倾斜方向。

10.2.4.2 监测成果报表应包含初测值、本次测试值、本次变化值、本次变化速率以及累计值等,并绘制相关曲线图。

10.2.5 光纤光栅应力应变监测数据处理

10.2.5.1 野外监测的温度补偿。当测试环境温差变化较大(≥5℃)时,应对测试数据进行温度补偿,准备阶段应预先测量温度对所用光栅的影响效果,并评估和设计补偿温度影响。

10.2.5.2 温度补偿根据仪器功能和测试需求可分为人工温度补偿和自动温度补偿,温度补偿应选用能真实反映光栅测试传感器相同环境下的温度数据进行计算。

10.2.5.3 土压力计算

a) 当采用内置温度光栅做温度补偿时,应符合下式规定:

$$P = K_p[(\lambda_{p1} - \lambda_{p0}) - (\lambda_{t1} - \lambda_{t0})] \quad \cdots\cdots(8)$$

式中:

P——土压力值,kPa;

K_p——传感器压力系数,kPa/nm,取正值,为常数;

λ_{p1}——压力光栅初始波长,nm;

λ_{p0}——压力光栅测试波长,nm;

λ_{t0}——温度光栅初始波长,nm;

λ_{t1}——温度光栅测试波长,nm。

b) 当采用其他测温方式做温度补偿时,应符合下式规定:

$$P = K_p[(\lambda_{p1} - \lambda_{p0}) - K_t(T_1 - T_0)] \quad \cdots\cdots(9)$$

式中:

P——土压力值,kPa;

K_p——传感器压力系数,kPa/nm,取正值,为常数;

λ_{p1}——压力光栅初始波长,nm;

λ_{p0}——压力光栅测试波长,nm;

K_t——压力光栅温度补偿,为波长偏移量与温度的比值,nm/℃,为常数;

T_1——测试环境温度,℃;

T_0——初始环境温度,℃。

10.3 信息反馈

10.3.1 监测分析人员应具有测绘工程、地质工程、岩土工程和结构工程的综合知识,具有设计、施工、测量等工程实践经验,具有较高的综合分析能力,做到正确判断、准确表达,及时提供高质量的综合分析报告。

10.3.2 资料分析通常采用比较法、作图法、特征值统计法及数学模型法。使用数学模型法做定量分析时，应同时采用其他方法进行定性分析，加以验证。

10.3.3 资料分析应了解各监测物理量的大小、变化规律、趋势及效应量与原因量之间（或几个效应量之间）的关系与相关程度。有条件时，还应建立效应量与原因量之间的数学模型，解释监测量的变化规律，在此基础上判断各监测物理量的变化与趋势是否正常、是否符合技术要求；并对各项监测成果进行综合分析，揭示灾害体及工程结构的异常情况和不安全因素，评估其安全状态并做出预报。

10.3.4 应力应变监测应确定监测预警值，预警值应满足地质灾害体、工程结构及周边环境中被保护对象的控制要求，监测预警值应由监测项目或工程设计方确定。

10.3.5 信息反馈提供的技术成果主要包括阶段性报告、总结报告以及当达到和超过监测预警值时发布的警报。技术成果提供内容应真实、准确、完整，并应用文字阐述、变化曲线或图形相结合的形式表达。技术成果应按时报送。

10.3.6 阶段性监测报告一般包括周报、月报，必要时还包括日报、季报和年报等，阶段性监测报告可包括下列内容：

  a) 该监测期的工程概况、气象及周边环境概况。
  b) 该监测期的监测项目及测点的布置图。
  c) 各项监测数据的整理、统计及监测成果的过程曲线。
  d) 各监测项目监测值的变化分析、评价及发展预测。
  e) 相关建议。

10.3.7 提交监测报告，监测报告编写应符合附录B的要求。

附 录 A
(规范性附录)
地质灾害应力应变监测设计书编写提纲

第一章 任务来源和监测的重要性

任务来源,监测目的和任务,工作起止时间,前人工作研究程度、已完成的勘查工作量。

第二章 自然条件和地质环境

水文气象、地形地貌、地层岩性、地质构造、新构造运动与地震、水文地质条件、工程地质条件、环境地质和人类工程活动等。

第三章 地质灾害特征、成因和稳定性分析

地质环境、地质灾害的工程条件、地质特征、形成机制、成灾条件、影响因素、稳定性分析评价与预测、危害性分析评估。

第四章 监测精度要求

地质灾害监测等级划分、监测仪器及精度要求。

第五章 监测内容论证和确定

监测对象和位置、监测内容、监测人员的配备、监测系统的运行与维护方案。

第六章 监测方法选定

应力应变监测采用的仪器、方法,监测频率的确定,作业安全及其他管理制度。

第七章 监测点网布设

压力计、传感器等的埋设位置方案、钻孔设计方案。

第八章 监测资料整理

外业工作记录,平时资料整理和定期资料编印,异常情况下的监测措施与信息反馈。

第九章 经费预算

经费预算表格、预算说明。

附图 监测设计平面布置图、剖面布置图、钻孔施工设计图

附 录 B
（规范性附录）
地质灾害应力应变监测报告编写提纲

第一章 监测工程概况

    一、任务来源

    二、监测目的和任务

    三、监测起止时间

    四、完成的工作量

    五、取得的主要认识和成果

第二章 地质灾害应力应变监测依据

    一、地质灾害特征与成因分析

    二、地质灾害稳定性分析评价与预测

    三、地质灾害危害性分析评估

第三章 监测项目、测点布置

    一、监测等级的划分

    二、监测内容及精度

    三、监测网布设分析

第四章 监测设备与监测方法

    一、监测设备

    三、监测方法与频率

    四、监测预警值与处理措施

第五章 数据处理

    一、采集的主要数据

    二、数据处理方法

    三、数据处理结果分析

    四、地质灾害稳定性趋势判断

第六章 监测过程分析与整体评述

    一、监测系统运行与维护情况

    二、监控工作进度控制

    三、存在的问题与异常情况处理分析

第七章 结论与建议

　　一、结论
　　二、建议

附图　地质灾害监测平面布置图、剖面布置图、钻孔柱状图等

附表　应力应变监测数据采集表、施工记录表等原始记录表格

附 录 C
（规范性附录）
应力应变监测数据采集表

C.1 应力监测数据采集表

监测项目名称：
监测单位：　　　　　　　　　　　　测试时间：
仪器名称：　　　　　　　　　　　　仪器编号：

测点编号	监测时间	本次读数/Hz	应力/MPa	变化量/MPa		测点编号	监测时间	本次读数/Hz	应力/MPa	变化量/MPa	
				本次变量	累积变量					本次变量	累积变量

测点布设示意图	应力-时间变化曲线图

注：－为压应力，＋为拉应力。

监测员：　　　　计算：　　　　复核：　　　　监测负责人：　　　　年　月　日

T/CAGHP 009—2018

C.2 应变监测数据采集表

监测项目名称：
监测单位：　　　　　　　　　　　　　测试时间：
仪器名称：　　　　　　　　　　　　　仪器编号：

测点编号	监测时间	本次读数/Hz	应变	变化量		测点编号	监测时间	本次读数/Hz	应变	变化量	
				本次变量	累积变量					本次变量	累积变量

测点布设示意图	应变-时间变化曲线图

注：－为压应变，＋为拉应变。

监测员：　　　　计算：　　　　复核：　　　　监测负责人：　　　　年　月　日

附 录 D
（规范性附录）
滑坡推力监测施工、运行与维护记录表

D.1 滑坡推力测试数据采集表

监测项目名称：
监测单位：　　　　　　　　　　　　　安装时间：
仪器名称：　　　　　　　　　　　　　　仪器编号：
孔号（位置）：　　　　　　　　　　　　主滑方向：

序号	日期	时间	位置编号	传感器型号及规格	传感器编号	单位	读数

测点布设示意图	推力-时间变化曲线图

备注：

监测员：　　　　计算：　　　　复核：　　　　监测负责人：　　　　年　月　日

T/CAGHP 009—2018

D.2 滑坡推力监测（监测仪器、传感器）基础施工记录表

监测项目名称：
监测单位：　　　　　　　　　　　　安装时间：
仪器名称：　　　　　　　　　　　　仪器编号：

地形地貌			天气情况及气温		
传感器类型			编号		
安装人员			安装时间		

安装质量检查记录

序号	部位	检查项目	检查结果	备注
1	仪器设备	安装平直度		
		布线有序、标号清晰、接线紧固、正确		
		数据设置准确无误		
2	传感器	走向规范		
		光缆固定完好		
		测点正确		
3	导线保护盒	焊接损耗＜0.02 dB		
		导线（光纤、光缆）及盒固定牢靠		
		盒体密封良好		
4	光缆	走向规范		
		排列整齐		
5	管线支架	走向符合甲方要求		
		安装平直、牢固		
6	通讯	联机运行检查		
		通讯正确、显示、报警正常		
7	接地	接地电阻＜4 Ω（仪表接地汇流排）		

安装负责人：　　　　　　　　　项目负责人：　　　　　　　　　　　年　月　日

D.3 监测仪器安装施工记录表

监测项目名称：　　　　　　　　　日期：　年　月　日　　　　　天气：
施工单位：　　　　　　　　　　　孔号：　　　　　终孔孔深：　　m
主滑方向：　　　　　　　　　　　主传感器安装方向：

序号	地质管长度/m	专用接头/m	传感器接头/m	孔深/m	光缆线长度/m	备注
合计	共　　根	共　　个	共　　个			共　　个传感器
备注						

技术负责人：　　　　　　施工班(组)长：　　　　　　安装人：　　　　　　年　月　日

D.4 导线(光纤、光缆)敷设记录表

监测项目名称：
监测单位：   安装时间：
仪器名称：   仪器编号：

编号：		导线敷设记录					
序号	导线编号	导线型号及规格	起点	终点	设计长度/mm	实际长度/mm	中间接头数
备注：							

技术负责人：   施工班(组)长：   安装人：   年 月 日

D.5 仪器设备维护记录表

监测项目名称：
监测单位：　　　　　　　　　　　安装时间：
仪器名称：　　　　　　　　　　　仪器编号：

序号	位号	仪器名称	规格型号	调校结果		
				报警	复位	故障

建设单位：	施工单位：
现场代表：	技术负责人： 质量检查员： 试验班(组)长：
年　月　日	年　月　日

附 录 E
（规范性附录）
地质灾害光纤光栅应力应变测试基础施工记录表

监测项目名称：
监测单位：　　　　　　　　　　　　　天气情况及气温：
仪器型号：　　　　　　　　　　　　　仪器编号：
传感器类型：　　　　　　　　　　　　传感器编号：

序号	部位	检查项目	检查结果	备注
1	仪器设备	安装平直度		
		布线有序、标号清晰、接线紧固、正确		
		数据设置准确无误		
2	传感器	走向规范		
		光缆固定完好		
		测点正确		
3	光纤保护盒	焊接损耗＜5％		
		光纤、光缆及盒固定牢靠		
		盒体密封良好		
4	光缆	走向规范		
		排列整齐		
5	管线支架	走向符合甲方要求		
		安装平直、牢固		
6	通讯	联机运行检查		
		通讯正确、显示、报警正常		
7	接地	接地电阻＜4 Ω(仪表接地汇流排)		

技术负责人：　　　　施工班(组)长：　　　　安装人：　　　　　　　　年　月　日

索 引

B

地质灾害监测等级划分 ……………………………………………………	表1
地裂缝应力应变监测项目表 …………………………………………………	表2
建(构)筑物的安全等级 ………………………………………………………	表3
建(构)筑物的重要性划分 ……………………………………………………	表4

T

地质灾害应力应变监测框图 …………………………………………………	图1
光纤光栅土压力传感器埋设示意图 …………………………………………	图2
地应力计钻孔及埋设安装示意图 ……………………………………………	图3
滑坡推力监测传感器布置安装示意图 ………………………………………	图4
应变计组的埋设示意图(单位:mm) …………………………………………	图5